AF495877

NOTICE

SUR LES PROPRIÉTÉS CHIMIQUES ET L'ACTION

DES

EAUX SULFURÉES

CALCIQUES, FERRUGINEUSES ET ALCALINES

D'EUGÉNIE-LES-BAINS

(LANDES)

Près de la Station de GRENADE-sur-L'ADOUR

(CHEMIN DE FER DU MIDI, LIGNE DE TARBES)

PAR

LE Dr PEYRECAVE

BORDEAUX

TYP. DUVERDIER ET COMP. (DURAND, DIRECTEUR)

7, rue Gouvion, 7

—

1877

NOTICE
Sur les propriétés chimiques et l'action

DES

EAUX SULFURÉES

CALCIQUES, FERRUGINEUSES ET ALCALINES

D'EUGÉNIE-LES-BAINS

(LANDES)

Près de la Station de GRENADE-sur-L'ADOUR

(CHEMIN DE FER DU MIDI, LIGNE DE TARBES)

Le nombre des malades fréquentant les stations thermales va toujours croissant, et chaque jour les journaux, les notices et les prospectus viennent révéler l'existence ou la création d'établissements nouveaux.

Je crois remplir un devoir en signalant aujourd'hui, aux médecins praticiens, l'établissement thermal d'Eugénie-les-Bains. Cette station n'est pas de nouvelle formation; sous Henri IV, un édit obligea le seigneur de Saint-Loubouer à établir des bains publics, sous peine de voir l'État s'emparer des sources. En 1758, le docteur Lafaille, par une petite notice, révéla à la science et au public l'existence et l'importance curative des eaux de l'établissement Saint-Loubouer, à Eugénie-les-Bains.

En 1860, un vaste établissement a été construit sur l'emplacement de l'ancien, qui était devenu insuffisant. L'aménagement des sources et la disposition des bâtiments attirent chaque jour l'approbation des hydrologues et de toutes les personnes compétentes.

Un établissement hydrothérapique et à l'eau minérale, ne laisse rien à envier aux établissements de premier ordre. Des appareils à pulvérisation, des douches dans toutes les formes : écossaises, en lame, en lance ; des douches ascendantes, vaginales et rectales, offrent aux malades toutes les ressources de l'hydrologie moderne.

Situation topographique.

La station d'Eugénie-les-Bains est située dans le département des Landes, arrondissement de Saint-Sever, et à dix kilomètres sud de Grenade-sur-l'Adour, ligne ferrée de Tarbes. Les voyageurs qui viennent de Bordeaux, de Bayonne ou de Tarbes, descendent à la gare de Grenade-sur-l'Adour.

Une voiture, qui fait la correspondance en moins d'une heure, transporte les voyageurs à la station des bains, située dans la riante vallée du Bahus, au milieu de vertes prairies et d'arbres séculaires.

Eugénie-les-Bains possède deux établissements principaux : les Thermes de Saint-Loubouer et les Thermes du Bois.

Le seigneur de Saint-Loubouer ayant fait, le premier, le captage des sources, a donné son nom à l'établissement, qui est sans conteste le plus important, soit par le volume des sources, soit par leur valeur thérapeutique.

L'établissement du Bois tire son nom de sa situation ; la source a été captée dans une forêt de chênes dont quelques sujets excitent encore l'admiration. La buvette du Bois est ferrugineuse ; elle est utilisée contre les anémies, l'aménorrhée et la dysménorrhée de la puberté et contre l'anémie de l'âge critique. Les deux établissements appartiennent aux principaux membres de la Société fermière des eaux de Cauterets.

M. Réveil, dont les analyses chimiques font autorité, dans un voyage qu'il fit dans le Sud-Ouest, fut frappé des cures qui s'opéraient à Eugénie, et résolut, par une analyse, de faire connaître à la

science et au public l'heureuse minéralisation de
ces sources. Le savant chimiste se proposait même,
dans un travail plus complet, de publier tout ce
qu'il y avait d'intéressant sur la station, lorsqu'il
fut prématurément enlevé à la science et à ses
amis.

Analyse de M. Réveil des sources de l'Etablissement de Saint-Loubouer.

Ces sources sont au nombre de quatre :

    1° Source Saint-Loubouer;
    2° Source Amélie;
    3° Source Dufour;
    4° Source des Prés.

La source Saint-Loubouer seule donne en débit par
vingt-quatre heures......................... 96,700 litres
Température de l'eau.... .... 19°5
Densité............;........................... 1.004

Minéralisation par litre.

Sulfure de calcium............................. 0,005222
Sulfure de fer................................. traces
Hyposulfate de chaux........... 0,002711
Chlorure de sodium..... 0,035860
Chlorure de potassium........................ traces
Sulfate de chaux............................. 0,017527
Silicate de soude............................ 0,064000

                       A reporter.............. 0,125320

Report......................................	0,125520
Iodure de sodium................................	traces
Fluorure de sodium..............................	traces
Carbonate de soude.	0,063700
Ammoniaque.....................................	00,00824
Bicarbonate de chaux............................	0,061137
Bicarbonate de magnésie.........................	0,046880
Carbonate de lithine............................	traces
Borate de soude................................	traces
Phosphate de chaux..............................	traces
Phosphate de magnésie...........................	traces
Arséniate de soude..............................	traces
Matière organique...............................	0,037500
TOTAL......................	0,335361

	Azote.................	21^{cc}
GAZ	Oxygène.	traces
	Acide carbonique.	traces

Les eaux de l'établissement de Saint-Loubouer
sont limpides, incolores, exhalant une légère odeur
d'œufs couvés, due à la présence de l'acide
sulfhydrique.

La faible densité de l'eau, se rapprochant de
l'eau distillée et la présence d'une grande quantité
de matière organique, expliquent pourquoi cette
eau, si légère, se digère si facilement, même à des
doses très-élevées (de 10 à 20 verres dans la
journée) ([1]).

Comme on le voit par l'analyse si complète de

([1]) Les eaux d'Eugénie, en effet, ne sont surpassées dans leur
richesse en barégine, que par les eaux de Labassère.

Réveil, les eaux d'Eugénie sont sulfo-alcalines; c'est à cette aliance qu'elles doivent les heureux résultats qu'on obtient dans les maladies les plus diverses. La présence, dans les sources de Saint-Loubouer, des phosphates et des arséniates nous expliquent encore ses bons résultats dans les anémies et les affections catarrhales.

Les eaux d'Eugénie sont éminemment reconstituantes.

Pour guider le médecin qui ne connaît pas encore la station d'Eugénie-les-Bains, je vais passer en revue, très-rapidement, les malades qu'il pourra diriger sur cette station.

Dyspepsie, Gastralgie, Gastrite.

Les eaux d'Eugénie-les-Bains, aidées d'un traitement hygiénique auront toujours raison de ces affections. C'est surtout la buvette Saint-Loubouer qu'il faut employer pour ces affections de l'estomac, que l'on rencontre en grand nombre à Eugénie. Je cite un exemple entre tous.

Une dame de Saint-Sever est venue à Eugénie, en 1876, pour y guérir d'une gastrite qui l'avait réduite à l'état de marasme. Sans avoir consulté un homme de l'art, cette malade buvait à une source lourde et indigeste, qui ne faisait qu'aggraver son état. Je conseillai la source Saint-Loubouer; le mieux arriva promptement, la malade resta 20 jours, et se retira guérie.

Catarrhe de la Vessie.

M. de L..., de Mont-de-Marsan, fut atteint, il y a quelques années, d'une cystite aiguë. Le traitement le plus rationnel n'empêcha pas la maladie de passer à l'état chronique. Transporté à Eugénie où il resta durant un mois, le malade prit des bains et but à la source Saint-Loubouer; il se trouve aujourd'hui complètement guéri. Je pourrais à l'infini citer de pareils exemples, car les malades atteints de catarrhe de la vessie, venant à Eugénie ne sont pas rares.

Engorgement du Foie.

Une dame de Cazaubon (Gers), âgée de quarante ans, à la suite d'une indigestion, fut atteinte d'une hépatite grave; la convalescence se faisant longtemps attendre, je conseillai les eaux d'Eugénie, et dans un mois la santé était parfaite. Cette dame, par l'usage des bains et de la buvette Saint-

Loubouer, a vu guérir également un eczéma à la main dont elle était atteinte depuis longues années.

Gravelle et Goutte.

Si l'on réfléchit à la nature alcaline et fondante, à l'action diurétique de l'eau d'Eugénie, on ne sera pas surpris d'en voir de bons effets dans la gravelle et la goutte. Dans les cas de goutte, je n'ai jamais vu l'usage de la buvette Saint-Loubouer produire les moindres accidents, tandis qu'il n'en est pas de même pour les eaux minérales de Vals et Vichy. Trousseau disait dans ses leçons : « J'ai certainement vu, pour ma part, plus de cinq cents goutteux ayant été à Vichy et s'en étant horriblement mal trouvés. »

Engorgement du Col de l'utérus avec ou sans ulcération.

L'établissement d'Eugénie est presque spécial pour les femmes atteintes d'affection de l'utérus, engorgements simples, ulcérations et pertes blanches par atonie. Les douches vaginales et la source du Bois en boisson triomphent presque toujours de ces états pathologiques. Les femmes, arrivées à l'âge critique, offrent souvent un état pathologique inquiétant, que l'arsenal pharmaceutique n'a pas pu modifier. Souvent, une saison à la station d'Eugénie et un traitement bien entendu guérissent ou améliorent cet état maladif.

Enfin, Eugénie produit vraiment des effets merveilleux comme traitement préventif, lorsque les enfants restent faibles et ne se développent pas, lôrsque le cachex scrofuleux fait redouter la tuberculose.

Pour terminer les indications spéciales, je signale l'eau de la source Saint-Loubouer, contre l'angine granuleuse ou herpétique, contre la laryngite chronique avec enrouement, ou extinction de voix; dans ces cas, la source Saint-Loubouer en boisson, en gargarismes, et surtout en pulvérisation, produit les plus heureux effets.

Grâce à sa position topographique, Eugénie-les-Bains jouit d'un magnifique climat; jamais de perturbations brusques dans l'atmosphère, aussi la saison y commence-t-elle de bonne heure; le mois de juin y est toujours très-beau, et la plupart des malades qui vont aux Pyrénées peuvent débuter par un séjour à Eugénie, qui sera une préparation pour un traitement plus spécial dans d'autres stations, où l'hiver arrivant de bonne heure, chasse les baigneurs, qui peuvent continuer leur traitement à Eugénie durant les mois de septembre et octobre. C'est de cette période de deux mois qu'on peut dire que le climat d'Eugénie est vraiment ravissant, alors que la zone balnéaire des Pyrénées est déjà visitée par les neiges.

La station possède un grand nombre de maisons et d'appartements meublés pour recevoir les étrangers qui y viennent faire une saison thermale. Elle possède deux hôtels confortables, celui du Grand-Etablissement et celui du Bois, qui sont situés au milieu d'un parc de dix hectares, agréablement ombragé; la contrée, fertile et productive, se trouvant loin des grands centres de population, y rend la vie matérielle peu coûteuse, comparée à celle des autres localités balnéaires, la vie de famille de l'ancien temps se retrouve à Eugénie, où la toilette et le luxe des grandes eaux n'ont pas encore pénétré.

La station d'Eugénie-les-Bains, déjà si utile et bienfaisante aux maldes, offre au géologue, au touriste, à l'antiquaire, des ressources et des distractions multiples. La station se trouve à l'entrée de ce pays de Chalosse, dont le sol mouvementé témoigne du dernier soulèvement pyrénéen. La commune d'Eugénie fait partie du canton d'Aire, dont le chef-lieu, après avoir été la résidence du préteur romain sous l'empire et la résidence d'Alric, roi des Goths, au commencement du moyen âge, conserve encore quelques restes de son ancienne splendeur, en qualité de métropole ecclésiastique du département des Landes.

La commune d'Eugénie forme, on peut le dire, le commencement de cette magnifique vallée de l'Adour que le voyageur Arthur Yong déclarait, au siècle dernier, le plus beau pays du monde.

Parmi les monuments les plus remarquables des environs d'Eugénie-les-Bains, nous citerons le grand Séminaire d'Aire, construit par Mgr Laneluc, et généralement considéré comme le plus beau de France; le Saint-Jean, sur la rive gauche de l'Adour, appartenant à M. Mareilhac, de Bordeaux; le château du Lau, magnifiquement restauré par M. de Chauton, conseiller général; le château de Saint-Loubouer, remarquable par ses tapisseries, ses meubles anciens et ses tableaux; ce château est habité aujourd'hui par M. Raymond de Laborde, fils du député des Landes et petit-fils du dernier seigneur de Saint-Loubouer; la Collégiale de Geaune, dont les ruines sont encore imposantes; le lycée de Saint-Sever, ancienne abbaye des

Bénédictins, et l'hôtel du général Lamarque. Enfin, aux amateurs de points de vue, on peut offrir le plateau du Pécorade, d'où l'on découvre tout le département des Basses-Pyrénées, et la promenade de Morlane, à Saint-Sever, d'où l'on domine toute la Chalosse.

En terminant cette notice, je ne peux oublier l'église d'Eugénie, avec son style gothique et ses boiseries remarquables, œuvre d'un sculpteur italien; cette église, située au centre du bourg, est due à l'initiative de l'excellent curé actuel, M. du Lin, ancien missionnaire apostolique et dernier rejeton d'une des plus anciennes familles du pays. Partisan enthousiaste de la station, où il lui a été donné, par la buvette Saint-Loubouer, de refaire une santé ébranlée par dix ans de missions dans les forêts vierges du Nouveau-Monde, M. l'abbé du Lin est, par avance, l'ami de tous les baigneurs auxquels il a bientôt plu par les ressources multiples de son esprit et de son érudition.

PEYRECAVE,

Docteur-médecin consul an, à Eugénie-les-Bains (Landes).

Bordeaux. — Imp. Duverdier et Cᵉ (Durand, directᵣ,) rue Gouvion, 7.